外星人
真的存在吗?

[日]长沼毅 / 文　[日]吉田尚令 / 图　丁丁虫 / 译

你知道宇宙中有多少颗星星吗?

青岛出版集团 | 青岛出版社

这是星系。

无数星星汇聚在一起，组成了形态多样、大小不一的星系。

一个星系中的星星有上亿颗，甚至可能有上万亿颗。

而宇宙中星系的数量超过 1000 亿个！

据估测，

宇宙中星星的数量

超过 10,000,000,000,000,000,000,000 颗 ※ 。

※ 关于宇宙中星星的数量，有各种说法。这里用的是最新数据。

我们生活的地球位于银河系。
据说银河系中有一半的星星是行星，
其中有些跟地球很像。

"爸爸，也就是说……"
"也许在宇宙的某个地方……"

这就是我们的地球。

目前，地球上生活着上百万种生物。

不过，在一些严酷的环境中，
如寒冷的南极、干燥的沙漠，
以及阳光照射不到的深海里，
也有生物存在。

南极大陆被厚厚的冰层覆盖着，气温有时会降至
−60℃以下，非常寒冷。

沙漠里几乎全是沙子，不怎么下雨，空气非常干燥。
在夏天，有的地方温度甚至会超过 50℃。

在深海中，海底热泉会喷出数百度高温的水。
即便如此，在它附近也有生物存在，
巨型管虫就是其中之一。

其实，不仅地球上有海底热泉，其他星球上可能也有。
在那些星球的深海里，说不定也有生物。

一起去宇宙探险吧！

在银河系这样的星系中有许多星球的小团体，
比如地球所在的太阳系。
太阳系的中心是太阳，
水星、金星、地球等八颗行星都围绕着它运行。

太阳

水星

金星

行星的周围也有许多星球……原来是卫星啊。

火星

土星

海王星

天王星

像太阳一样能自己发光的星球叫作恒星。
围绕恒星转动的星球叫作行星。

我们先去木星
的卫星木卫二
看看吧！

月球是地球的卫星。

地球

月球

围绕行星转动的星球叫作卫星。
木卫二是木星的卫星，
土卫二是土星的卫星，
它们上面都可能有海底热泉。

木星

木卫二与月球差不多大。

它离太阳很远，是一个非常寒冷的星球，表面覆盖着冰层。

不过，在它的冰层下面有一片巨大的海洋。

也就是说，木卫二上有大量构成生命必要条件的水。

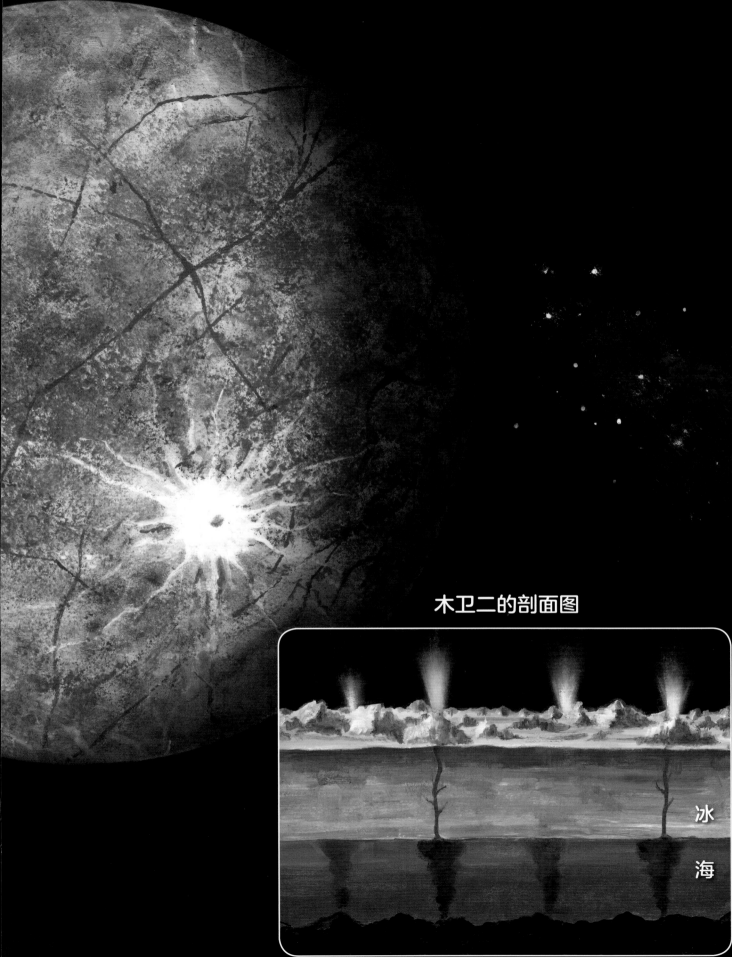

木卫二的剖面图

冰

海

据说，木卫二上还有氧气。

所以，在这样的环境下，就算有生物，也不奇怪吧！

想象一下，
冰层下面的海洋里如果有生物，
会是什么样的呢？

可能会出现有水泵结构的生物，它们可以借此从大量的海水中滤出氧气。

也许会有像巨型管虫那样的生物，利用海底热泉中的营养物质维持生存。

21

接下来再去土卫二看看吧。

土卫二非常小，直径大约只有 500 千米。

土卫二

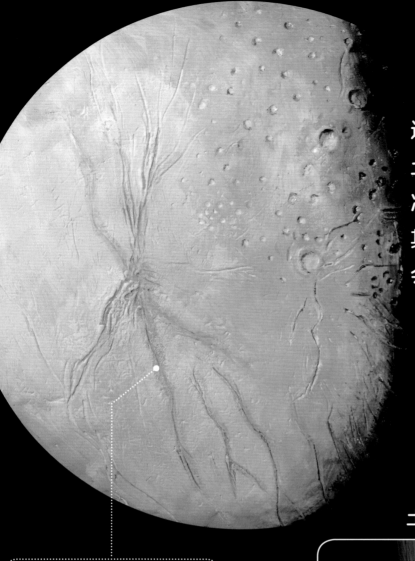

这就是土卫二。
土卫二也是被冰层覆盖的，
冰层下面是海洋，
其中说不定也有生物存在，
会是什么样的生物呢？

土卫二的南极地区有 4 条近似
平行的裂缝，被称为"虎纹"。

小冰粒和水蒸气会从虎纹里
猛烈喷射出来，就像火山喷
发一样。

土卫二的剖面图

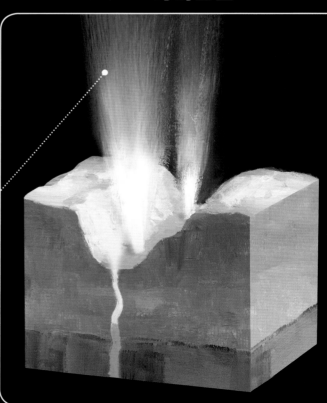

虎纹分布在土卫二的南极地区，所以人们推测，那里可能会有液态海洋。

土卫二的海底热泉附近可能存在一些非常小的、肉眼不可见的微生物，就像地球上的变形虫那样。

你们有没有在夜晚看到过拖着长尾巴的星星？

那可能是彗星。

它们来自距离地球很远的地方，飞行时路过地球附近。

有科学家猜测，原始的生物可能就是随着彗星来到地球的。

在太阳系之外，也有彗星围绕着其他恒星运行，

这说明太阳系以外也可能存在生物！

这是格利泽 581g 的恒星。

在太阳系之外，还有各种各样的星球，比如格利泽 581g。
它是一颗没有陆地、只有海洋的行星。
因为距离恒星很近，所以它上面海洋的温度可能非常高。

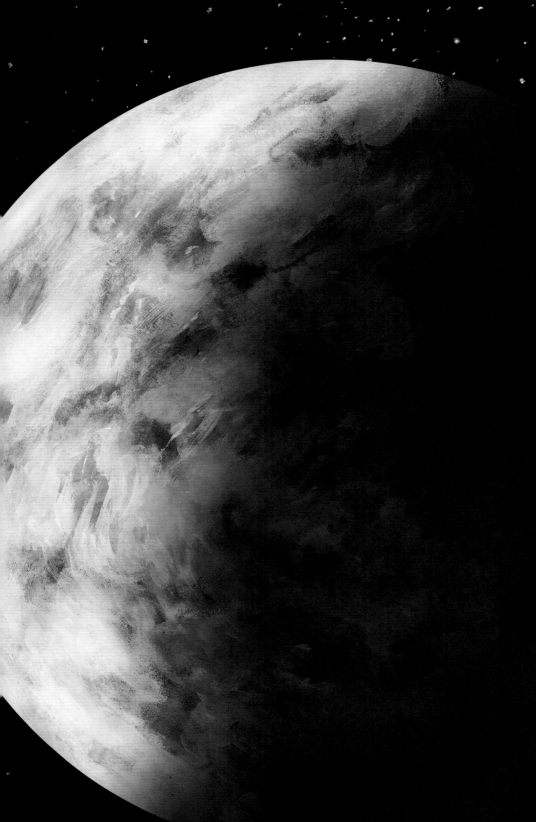

格利泽 581g

由于没有陆地，海洋温度又很高，
格利泽 581g 上也许弥漫着大量的水蒸气，
应该是个很闷热的环境。
在这样的地方，可能会有什么样的生物呢？

它是没有陆地的行星，所以可能会有需要一直在天上飞的生物吧。也许它们长得像降落伞，或者像气球，在空中上上下下。

说不定也会有像滑翔机一样可以乘风飞行的生物呢。

海水中升腾起来的雾气会让周围的环境变得朦朦胧胧，看不清楚。住在这里的生物，听力也许比视力好很多吧。

据说，宇宙中还有像双胞胎一样的行星。
由于彼此之间的引力作用较强，
所以它们的海洋上会有很猛烈的潮起潮落吧！
在那样的地方，又会有什么样的生物存在呢？

大海退潮时，或许会看见像藤壶一样、为了不被海水冲走而紧紧贴在礁石上的生物吧！

据说，有些行星的海洋里面不是水，而是油。
那里会有什么样的生物呢？

生物能在油里生存吗？

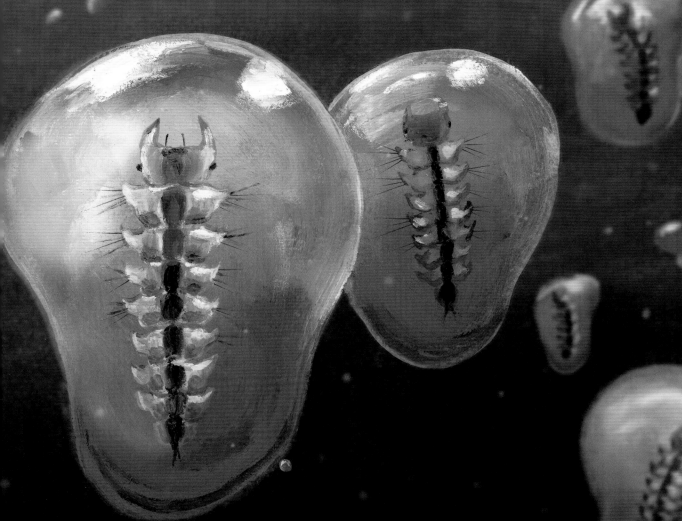

地球上有种生物叫石油蝇，它的幼虫就是在石油中生长的。
对大部分昆虫来说，石油是有毒的。
但有的科学家认为，在石油蝇幼虫的体内，
可能存在能把石油转化成营养物质的微生物。

宇宙中有些行星，永远都以同一面朝向如太阳那样的恒星。

在这种行星上，一半地区始终有光照，另一半地区始终处于黑暗之中。

由于两个地区之间的温差非常大，所以一年到头都是狂风肆虐。

在那里，会有什么样的生物呢？

风那么大，生物大概都会贴着地面活动，免得被风吹跑吧。

如果背上长着腿，那么即使被风吹得肚皮朝上，也能自己翻过来。

据说，有的行星上夏天非常热，冬天非常冷，
夏天和冬天的温差非常大，一年四季都刮着狂风。
那里会有什么样的生物呢？

也许会有长得像球一样的生物，被风吹着到处滚动呢。

如果被风吹得到处乱滚乱撞，那它们得有坚硬的外壳，才不会被撞坏。

在地球之外，有没有像我们人类一样，
具有高度智慧的外星人呢？

以行星为例，
我们所在的银河系中有超过 1000 亿颗行星，
其中很多都有类似地球这样适合生命存在的环境。
除了行星，还有很多其他星球上可能会出现生命。
这么多的星球，有外星人存在，也不奇怪吧？

说到外星人，你们首先会想到什么形象呢？

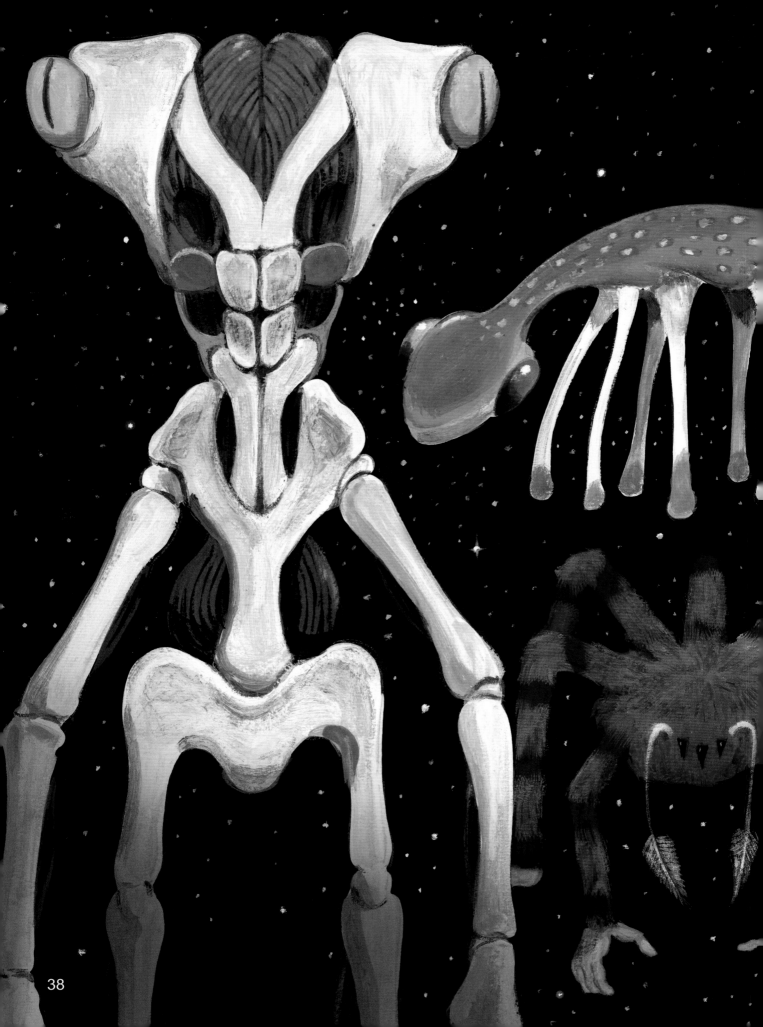

地球上生活着各种各样的生物，
宇宙中很可能也生活着各种各样的生物。
尽情发挥你们的想象吧，
外星人也许长得奇形怪状呢！

比如，有人说，有一种孤独的行星，
远离像太阳这样的恒星，独自"流浪"在宇宙中。
由于没有阳光的照射，它永远都处于黑暗之中。
在这种行星上，由于空气密度很大，所以浮力很大。
所谓浮力，是指一种能让物体浮起来的力量。
如果这种行星上存在外星人，会是什么模样的呢？

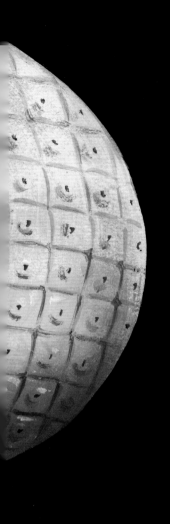

哇!

既然空气的密度很大，
那么他们的身体结构应该能让他们充分利用浮力。
所以，也许他们的头长得很大，而肢体却很细。

看起来头脑很发达。

他们可能不是用声音交流，
而是通过发射无线电波来交流。

那不是像"心灵感应"一样吗?

不过，无线电波会往四面八方发射，
所以他们可能说不了悄悄话呢。

44

如果真的有外星人，
他们会是什么样子呢？
他们又会怎样生活呢？

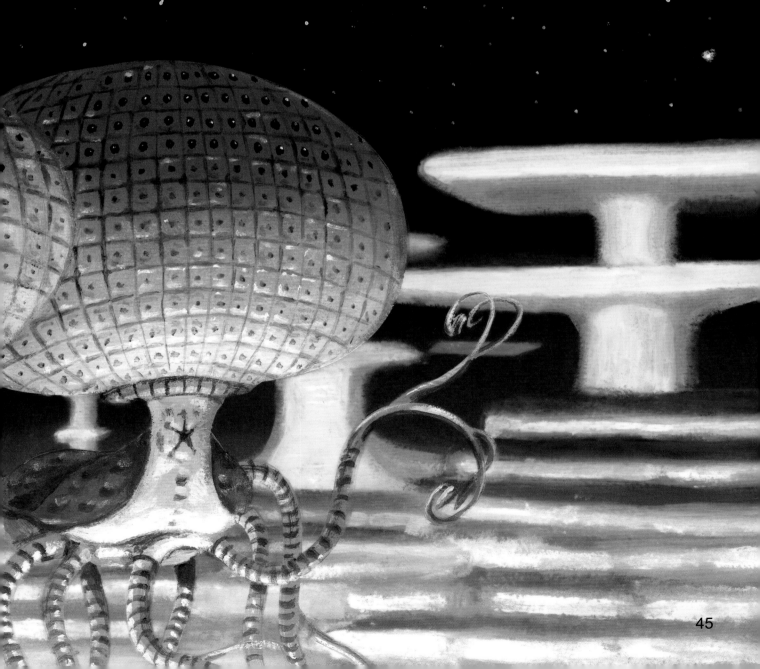

我们人类一直在用望远镜观察宇宙中的星星，然而，到目前为止，还没有发现外星人。

不过，说不定外星人早就已经发现我们了呢！

图书在版编目（CIP）数据

外星人真的存在吗？/（日）长沼毅文；（日）吉田尚令图；丁丁虫译. — 青岛：青岛出版社，2022.5
　　ISBN 978-7-5552-4959-7

　　Ⅰ.①外… Ⅱ.①长…②吉…③丁… Ⅲ.①地外生命 – 儿童读物 Ⅳ.① Q693-49

中国版本图书馆 CIP 数据核字（2021）246256 号

山东省版权局著作权合同登记号　图字：15-2020-289 号

书　　名	WAIXINGREN ZHEN DE CUNZAI MA **外星人真的存在吗？**
文　　字	[日]长沼毅
绘　　图	[日]吉田尚令
翻　　译	丁丁虫
出版发行	青岛出版社
社　　址	青岛市崂山区海尔路 182 号（266061）
本社网址	http://www.qdpub.com
团购电话	0532-68068091
责任编辑	刘倩倩
特约编辑	刘炳耀
封面设计	桃　子
照　　排	青岛可视文化传媒有限公司
印　　刷	青岛名扬数码印刷有限责任公司
出版日期	2022 年 5 月第 1 版　2022 年 5 月第 1 次印刷
开　　本	16 开（889mm×1194mm）
印　　张	3.25
字　　数	40 千
印　　数	1-6000
书　　号	ISBN 978-7-5552-4959-7
定　　价	48.00 元

编校印装质量、盗版监督服务电话　4006532017　0532-68068050